DU ROLE ET DE LA FORMATION

DU

DROIT INTERNATIONAL PRIVÉ

DISCOURS

PRONONCÉ

A LA SÉANCE DE RENTRÉE DES FACULTÉS DE L'ACADÉMIE DE CAEN

Le 5 Novembre 1883

par

M. A. VAUGEOIS

PROFESSEUR DE DROIT CRIMINEL
ET CHARGÉ PROVISOIREMENT DU COURS DE DROIT INTERNATIONAL PRIVÉ
A LA FACULTÉ DE DROIT

CAEN

TYP. F. LE BLANC-HARDEL, LIBRAIRE

RUE FROIDE, 2 ET 4

—

1883

DU MÊME AUTEUR

De la distinction des biens en Droit romain et en Droit français, 1860, 1 vol. in-8°. Paris, Durand, libraire-éditeur.

Du consentement des époux au mariage, compte-rendu et examen critique du livre de M. E. Glasson, broch. in-8°, 1866. Paris, A. Maresq ainé, éditeur (Extrait de la *Revue pratique de Droit français*).

Étude sur la caducité du legs d'usufruit par rapport aux personnes qui doivent en profiter lorsqu'il existe un légataire de la nue-propriété, broch. in-8°, 1868. Paris, Cotillon, libraire-éditeur (Extrait de la *Revue critique de législation et de jurisprudence*.

François Guinet, jurisconsulte lorrain 1604-1681, broch. in-8°, 1868. Nancy (Extrait des Mémoires de l'Académie de Stanislas, vol. de 1867). Paris, Pichon-Lamy et Dewès, libraires-éditeurs.

Des conditions d'application de l'article 1318 Cod. civ.—De la preuve en matière de Transaction, broch. in-8°, 1868, Paris, Cosse, Marchal et Cᵢᵉ, libraires-éditeurs (Extrait de la *Revue du Notariat et de l'Enregistrement*).

Du sort des actes sous-seing privé non conformes aux prescriptions des articles 1325 et 1326 Cod. civ., mais déposés aux mains d'un tiers ou même aux minutes d'un officier public, broch. in-8°, 1873. Paris, Delamotte et fils, éditeurs.

De l'inscription des hypothèques judiciaires et des privilèges garantissant des créances indéterminées (Étude sur la spécialité de l'hypothèque), broch. in-8°, 1875. Paris, A. Maresq ainé, libraire-éditeur (Extrait de la *Revue pratique de Droit français*).

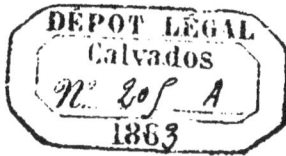

DU ROLE ET DE LA FORMATION

DU

DROIT INTERNATIONAL PRIVÉ

DISCOURS

PRONONCÉ

A LA SÉANCE DE RENTRÉE DES FACULTÉS DE L'ACADÉMIE DE CAEN

Le 5 Novembre 1883

par

M. A. VAUGEOIS

PROFESSEUR DE DROIT CRIMINEL
ET CHARGÉ PROVISOIREMENT DU COURS DE DROIT INTERNATIONAL PRIVÉ
A LA FACULTÉ DE DROIT

CAEN

TYP. F. LE BLANC-HARDEL, LIBRAIRE

RUE FROIDE, 2 ET 4

—

1883

Monsieur le Recteur,

Messieurs,

Il est d'usage, — et l'usage est excellent, — qu'au moment de la reprise solennelle des travaux de l'enseignement supérieur, l'un de nous vous entretienne des études qui lui sont familières, et appelle votre attention sur quelque sujet de nature à vous faire partager un instant nos préoccupations les plus récentes, qui ne sont autres que le témoignage de l'activité et de la vitalité scientifique du pays.

Il me paraît donc naturel de vous parler de l'une des institutions les plus nouvelles, mais non les moins fécondes, que nos Facultés de Droit tiennent de la sollicitude des Pouvoirs publics, si intelligemment, si patriotiquement jalouse de la solidité et de l'éclat de leurs travaux : je veux dire l'enseignement du *Droit international privé*.

Il semble, au seul énoncé de ce titre un peu complexe, que je vous conduise en un pays inconnu ; — peut-être même suspect de présenter peu d'attrait. C'est que la science du Droit international privé a un nom mal fait ; — et il est malheureusement difficile de lui en trouver un autre qui désigne plus succinctement le but qu'elle se propose. Ce but, c'est *la recherche et la solution des conflits entre les législations civiles des différents peuples*. Et je crois qu'ainsi précisé, l'intérêt d'une pareille étude aux temps où nous vivons, ne saurait plus échapper à personne.

Il s'agit, en effet, de savoir quelle doit être, au milieu de chaque pays, la condition juridique des individus qui ne lui appartiennent pas. Jusqu'à quel point peuvent-ils s'y prévaloir du bénéfice ou y subir les charges de leur législation d'origine ? Jusqu'à quel point, au contraire, la loi du pays où ils se trouvent les saisit-elle à ce double point de vue ? — Inévitable problème qui date, pour chaque peuple, du premier jour où il s'est connu un voisin. Problème trop simplement résolu, sans doute, au début de l'humanité et dans les premiers âges de la civilisation, c'est-à-dire tant que les nations se contentent, ou du moins s'écartent peu d'un état d'isolement réciproque, que la guerre seule interrompt. En ces conditions, pas ou peu de conflits internationaux possibles dans la législation civile et même commerciale, — et par conséquent pas (ou si peu que l'histoire n'en garde pas trace) — de règles à formuler pour y mettre fin. Le Droit international privé existe, car il y a eu un *droit* dès qu'il y a eu deux hommes vivant en même temps sur la terre (1) ; mais on peut dire que son organisme ne fonctionne pas.

Cependant les peuples, pas plus que les individus, ne sont faits pour l'isolement. Peu à peu, leurs relations pacifiques se multiplient, — et à mesure qu'elles deviennent plus nombreuses, *le Droit international privé*, à peine soupçonné naguère, se fait à l'horizon de la science une place de plus en plus large. Concilier les exigences des rapports mutuels établis, avec le droit légitime de chaque souveraineté, gage de protection pour ses nationaux, telle apparaît la difficulté ; mais, entre autres causes, elle doit à la diversité des mœurs et des institutions politiques ainsi qu'aux vicissitudes de l'histoire externe de chaque pays, une extrême diversité d'aspect qui la complique et appelle, pour la solution, l'œuvre du temps, — et de beaucoup de temps, — à l'appui de l'œuvre de la science.

C'est qu'en effet, la solution cherchée n'est autre que l'accord unanime dans le règlement des conflits de législation que la fréquence des rapports internationaux rend plus fréquents eux-mêmes. — Résultat bien difficile à atteindre. Soit ! — Autant qu'il est désirable ! — On ne saurait cependant le traiter de chimérique qu'à la condition de le confondre avec des aspirations voisines, rêves un instant caressés par des esprits élevés et généreux, — mais qu'il faut

---

(1) Cpr., M. Louis Renault, *Introduction à l'étude du droit international*, n° 8.

se résigner (ils en conviennent eux-mêmes), à considérer comme en dehors de la sphère du Droit international.

Un éminent professeur de Genève, M. Charles Brocher, a écrit : — « L'idéal suprême qu'on doit se « proposer serait de n'avoir qu'une seule et même « législation civile et commerciale bien connue et « généralement adoptée en tous pays. Des faits nom- « breux sembleraient justifier un pareil idéal... » (1) — Un publiciste, qui a rendu à la science dont nous nous occupons de précieux services, s'exprime ainsi à son tour: « Il n'y a qu'à consulter l'histoire pour « reconnaître qu'il s'est formé à travers les âges une « base de législation uniforme, qui s'est successive- « ment élargie depuis l'antiquité jusqu'à nous. Plu- « sieurs faits ont contribué à la poser et à l'étendre : « la philosophie ancienne, le Christianisme, le Droit « romain, la Révolution française, de nos jours le « commerce. Est-ce qu'il n'y a pas entre toutes les « législations chrétiennes des principes communs, « qui, sous un certain rapport ont uniformisé les « lois civiles dans tous les pays chrétiens? Est-ce « que le Droit Romain n'est point le fondement de « toutes les législations de l'Europe? Est-ce que les « Codes français, fils de la Révolution de 1789, n'ont « pas servi de modèles aux législations d'un grand « nombre d'États Européens? Est-ce que, dans les

(1) Charles Brocher, *Revue de droit international et de législation comparée*, t. III, p. 413 (Voy. aussi l'introduction de M. Pradier Fodéré à sa traduction du *Traité de droit international privé* de M. Pasquale Fiore, p. xiv et xv).

« temps contemporains, les relations de plus en plus
« étendues des nations entre elles n'ont pas multi-
« plié des traités internationaux, qui ont généralisé
« certains principes de droit privé?... (1). » — Et
tout en ajournant à l'avenir le plus lointain la réali-
sation de cet idéal de l'uniformité des législations
civiles et commerciales, M. Pradier Fodéré (avec certaines restrictions cependant, qui compromettent
singulièrement sa thèse) — la considère comme
possible.

Ne nous faisons pas d'illusion !

Montesquieu a exagéré, je le crois, en disant des
lois qu'elles « doivent être tellement propres au
« peuple pour lequel elles sont faites, que c'est un
« très-grand hasard si celles d'une nation peuvent
« convenir à une autre... » Mais il a eu raison de
dire qu'elles « doivent être relatives au physique
« du pays ; au climat glacé, brûlant ou tempéré ; à
« la qualité du terrain, à sa situation, à sa grandeur,
« au genre de vie des peuples, qu'elles doivent se
« rapporter au degré de liberté que la constitution
« peut souffrir, à la religion des habitants, à leurs
« inclinations, à leurs richesses, à leur nombre,
« à leur commerce, à leurs mœurs, à leurs ma-
« nières... (2). »

La conclusion, je l'emprunte à M. Pasquale Fiore :
« On peut établir l'uniformité de législation dans les
« divisions variées qui composent un État ; et il est

(1) Pradier Fodéré (Note sur le *Traité de droit international
privé* de M. Pasquale Fiore, n° 1).

(2) Montesquieu, *Esprit des lois*, liv. I, ch. III (Cpr., Pradier
Fodéré sur Fiore, *op. cit.*, n° 25).

« également possible que la base et le fondement
« des diverses législations soient toujours plus con-
« formes aux principes communs de la loi naturelle;
« mais il est impossible que les États qui vivent
« d'une vie propre, qui varient dans les traditions,
« dans les coutumes, dans les usages, comme aussi
« dans les conditions géographiques, ethnogra-
« phiques, morales et politiques, puissent avoir des
« lois uniformes (1). »

Et c'est aussi l'avis du savant jurisconsulte de
Genève, que je citais tout à l'heure. Nul mieux que
lui, au surplus, en regard de ces vagues tendances
vers un droit unique, qui mériterait moins la quali-
fication de droit *international* que celle de droit
humain, n'a su préciser le but exact de la science,
au contraire très-pratique, dont je voudrais vous
faire pressentir les services. « A défaut d'unité »,
dit-il, « il faut rechercher s'il n'existe pas quelque
« principe d'harmonie qui, combinant les éléments
« divers qu'on est obligé de reconnaître et de res-
« pecter, trace les limites dans lesquelles chacun
« d'eux recevra son application. Cette combinaison
« doit se faire de telle sorte que l'activité sociale
« puisse, dans une certaine mesure tout au moins,
« se déployer sur le vaste échiquier du monde avec
« la même liberté et la même sécurité que si elle se
« renfermait dans les frontières d'un seul État. Tel
« paraît être le but que le Droit international privé
« doit s'efforcer d'atteindre (2). »

---

(1) Fiore, *op. cit.*, n° 1. — Cpr., Louis Renault, *op. cit.*, n° 21.
(2) Charles Brocher, *loc. cit.*

En d'autres termes, il n'est pas de souveraineté qui n'ait à statuer sur le rapport de ses lois avec les lois étrangères; mais chaque souveraineté ne parle que pour elle, et n'a d'action que sur ses magistrats, et si la souveraineté d'à côté pense autrement, le conflit se double (1). Il est donc à souhaiter que, sur le plus grand nombre possible des questions qu'elles décident d'une manière différente, toutes les souverainetés viennent à s'entendre pour se faire les mêmes concessions ou exiger les mêmes sacrifices.

Cela revient à dire qu'il faut créer, en législation, le plus de terrains neutres qu'on pourra; car neutraliser, c'est pacifier. Et le jour où l'observation révèle (en ce sens tout au moins, si non dans le sens d'une unité de législation impossible), un ensemble de faits comme ceux dont, il y a un instant, nous prenions acte nous-mêmes (et qui sont loin d'être les seuls) (2), on peut affirmer que la science du Droit international privé s'est formée. Si elle n'a pas encore gagné le premier plan, elle s'est détachée depuis longtemps de l'horizon de tout à l'heure. Il est temps d'en observer, d'en étudier les détails. Il est temps de l'enseigner. Et il est intéressant, non-seulement pour se convaincre qu'elle revendique légitimement sa place dans le cercle des études juridiques, mais encore pour dégager son avenir de

(1) Cpr., Louis Renault, *loc. cit.*

(2) Voir, pour plus de détails, l'excellente *Introduction à l'étude du droit international*, de M. Louis Renault, déjà citée, notamment n°ˢ 23 à 36, et l'introduction de M. Pradier Fodéré à sa traduction de Fiore (ci-dessus).

toute influence traditionnelle insuffisamment justi-
fiée, d'examiner avec quelque soin son passé. —
Je n'y puis jeter qu'un regard, mais il me suffira, je
l'espère, pour expliquer ma pensée.

Si l'antiquité a connu des conflits de législation,
elle ne s'en est guère préoccupée. Elle les a plutôt
assez brutalement éludés. — A Sparte, on refusait
aux étrangers l'entrée de la ville. Et si, au dire de
Bacquet, Athènes avait construit pour les recevoir le
temple de la Pitié, cette hospitalité n'avait rien de
bien désirable. On confinait en effet les étrangers
dans un quartier spécial d'où ils ne pouvaient sortir ;
ils avaient à payer un tribut annuel de 12 drachmes,
et on vendait comme esclaves ceux qui refusaient
de le payer (1).

Rome, à l'origine, ne fut pas plus facile. « Adversus
hostem æterna auctoritas esto », disent les Douze-
Tables. *Hostis*, c'est l'étranger, l'*égal*, suivant
l'étymologiste Festus (2), c'est-à-dire le rival, autant
dire : l'*ennemi*.

Rome, au surplus, eut bientôt subjugué assez de
peuples pour éprouver la nécessité de les désarmer
sans retour en se montrant plus disposée à les traiter
en citoyens de son vaste empire ; mais elle classa ses
largesses. Aux uns (ceux dont elle attendait le plus),
le droit de cité tout entier, c'est-à-dire avec toutes
les prérogatives civiles et politiques qui s'y trou-
vaient attachées ; aux autres quelqu'une seulement
ou plusieurs de ces prérogatives. Elle groupe ainsi

(1) Fiore, *op. cit.*, n° 7.
(2) Accarias, *Précis de droit romain*, n° 49.

autour d'elle depuis le Latin ancien, puis l'Italien, jusqu'au Latin des colonies, — et en dehors des *pérégrins* qui, eux, restent exclus des droits civils, toute une échelle de privilégiés auxquels elle les mesure, — avec une économie dont elle se départ d'ailleurs peu à peu ; — puis un jour l'Empire comprend que ce libéralisme qui lui a réussi politiquement peut lui devenir encore plus profitable ; et Caracalla, pour augmenter le rendement de l'impôt sur les affranchissements et sur les successions ou legs recueillis par des citoyens Romains, confère le droit de cité à tous les sujets de l'empire (1).

Y a-t-il place, dans le système politique que je viens de décrire, pour des conflits de législation ? Non ! Sans doute, le *pérégrin* (qui a cessé d'être l'ennemi, puisqu'il est toujours ou sujet de Rome ou simplement son allié), n'en reste pas moins un étranger (2) ; mais précisément, il garde, comme tel, le bénéfice de sa loi civile d'origine toutes les fois qu'une contestation s'élève entre deux pérégrins de la même cité ; et quant aux relations entre pérégrins et citoyens Romains, et très-probablement aussi entre pérégrins de cités différentes, elles ressortent du droit des gens. *jus gentium*, distingué de bonne heure du droit civil par la législation Romaine. De telle sorte que, suivant une judicieuse remarque (3) on ne conçoit en toute hypothèse qu'une seule

(1) Voy. Accarias, *op. cit.*, nᵒˢ 49, 50, 51.

(2) Ortolan, *Explication historique des Instituts de Justinien*, t. I, p. 379, 6ᵘ édit., *Généralisation du droit romain*, nᵒ 33.

(3) Voir sur ce point M. Duguit, agrégé à la Faculté de droit de Caen, *Des conflits de législations relatifs à la forme des actes*

loi applicable aux pérégrins ; le plus souvent la leur.
— Quant aux peuples restés ennemis (les *hostes*, dans le sens définitif du mot), on est encore plus loin, avec eux, d'un conflit législatif. Rome, qui les appelle la plupart du temps des barbares, continue à ne les point connaître, si ce n'est pour les dépouiller quand elle peut (1).

Et pourtant, — si je ne me trompe, — l'application par les Romains aux *pérégrins*, c'est-à-dire à des étrangers (sujets ou amis il est vrai) du *jus gentium;* en d'autres termes, du droit naturel suivant la conception qu'en ont la plus grande partie des peuples (2) ; application particulièrement féconde lorsqu'au moyen du fidéicommis, elle eut créé à ces étrangers une capacité pour recueillir des libéralités, que le droit civil pur leur refusait, — ne doit-elle pas être notée comme un indice bien significatif de formation du Droit international privé ? N'y saurait-on même trouver l'idée première d'une théorie sur la condition des étrangers, qui, de nos jours, a conquis, en France les plus imposants suffrages (3). Et n'est-il pas permis de croire que le

civils, p. 8 à 12. On consultera avec profit pour l'étude , même générale, du droit international privé, la remarquable monographie de notre collègue.

(1) Accarias, *loc. cit.*

(2) Cpr., *Institutes de Justinien*, liv. I, tit. II, § 1er.

(3) M. Louis Renault nous parait partager ce sentiment (*op. cit.*, n° 4). Sur la thèse à laquelle il est fait ici allusion, et qui repose sur la distinction entre les facultés découlant du droit naturel et celles qui dérivent du droit national, Cpr., Aubry et Rau, 4° édit., t. I, § 78, p. 291. — Pothier, Éd. Bugnet, t. IX, *Traité des personnes et des choses*, n° 49, 6°.

grand cataclysme qui vint au Vᵉ siècle changer la face de l'Europe, ne fit qu'interrompre, malheureusement pour longtemps, une œuvre incontestablement commencée ? — La législation Romaine, en tous cas, s'était assez adoucie pour que, de l'aveu de tous aujourd'hui, on ne puisse pas y chercher l'origine des rigueurs contre les étrangers, dont l'époque barbare et le moyen-âge nous présentent le tableau (1).

A l'une comme à l'autre de ces deux dernières époques, et par des raisons analogues, la vie du Droit international privé est forcément suspendue. Tout le temps que s'établissent et s'organisent en Gaule, en Angleterre, en Espagne, en Italie, et même en Afrique, les peuples envahisseurs qui s'étaient jetés sur l'empire romain, il n'est pas un de ces conquérants, partageant avec la population romaine ou indigène le sol qu'il était venu occuper, qui n'ait tenu à continuer de vivre pour son compte sous sa loi nationale, sans entreprendre la tâche, difficile peut-être, et, en tous cas, trop longue, de l'imposer au peuple vaincu. A de très-rares exceptions près, si rares même qu'on ne peut les citer qu'à titre de curiosité scientifique (2), la loi est essentiellement personnelle ; et nous savons déjà, par l'exemple des *pérégrins* de l'empire romain, que la personnalité des lois, sauf entre sujets de deux lois différentes (champ de controverse, en somme assez étroit, et où

(1) Cpr., Fiore, *op. cit.*, nᵒ 10.
(2) Chez les Lombards, par exemple, où la législation porte des traces indiscutables de territorialité. (Voy. Duguit, *op. cit.*, p. 19.)

le droit de la conquête devait donner aux vainqueurs
de faciles avantages), ne comporte pas de conflit?

Sous la féodalité, même résultat. Quand la terre
s'empara de l'homme, c'est-à-dire quand il n'eut pas
d'autre loi que celle du maître de la terre à laquelle
le rattachaient les liens étroits de la sujétion féodale,
« l'origine individuelle du sujet s'effaça », comme l'a
très-bien dit M. Bertauld (1) « devant la loi person-
« nelle du souverain. » Essentiellement territoriale,
la loi de la circonscription féodale ou justicière n'en
franchit pas les limites ; elle ne règlera, hors sa frontière, ni la capacité des siens, ni les droits de propriété ou autres qui pourront leur appartenir (2) ; —
mais, en deçà, elle domine, à l'exclusion de toute
autre, sur les hommes, les choses et les actes.

Ainsi jalouse de son empire sur ceux qui lui
appartenaient, la souveraineté féodale fut, envers
les étrangers, spoliatrice sans scrupule.

Rien de plus triste que la condition de l'étranger
au moyen âge, dans tous les pays. En France.
l'étranger, même, n'est pas seulement celui qui est
né hors du royaume ; il suffit de quitter son diocèse
ou sa châtellenie d'origine, et d'aller s'établir ailleurs
pour être soumis au droit d'*aubainage :* « Quand
« aucuns forains, qui ne sont du diocèse », dit entre
autres la Coutume de Loudunois « décède en sa jus-
« tice, le seigneur a droit d'avoir l'*aubenage.* C'est
« à savoir une bourse neufve et quatre deniers de

(1) Bertauld, *Cours de Code pénal*, 4e édit., p. 53.
(2) Dargentré, *Commentaire sur la coutume de Bretagne*,
art. 218; (Voy. Fiore, *op. cit.*, nº 29.)

« dans ; et doit être payé ledit aubenage au seigneur,
« son receveur, ou en son absence, à autre son
« officier, avant que le corps du décédé soit mis hors
« de la maison où il est trépassé ; et, en défaut de
« payer ledit aubenage, ledit seigneur peut prendre,
« et lever soixante sols d'amende sur les héritiers et
« biens du défunt, ensemble sondit aubenage (1). »

Pour l'aubain véritable, c'est-à-dire né à l'étranger,
sa condition est d'une excessive dureté. Ce n'est plus
d'une simple taxe ou droit d'*aubenage* qu'il s'agit.
Cet étranger là est, on peut le dire, hors la loi. S'il
est originaire d'un pays éloigné, de telle sorte qu'on
ignore sa véritable patrie, on le désigne même sous
le nom d'*épave* ou de *mesconnu* (2). Certaines coutumes, comme celles de Châteauneuf et de Champagne, font de tout aubain véritable un serf (3).
Ailleurs, on accorde sur lui droit de vie ou de
mort (4). Presque partout, il est obéré de lourdes
taxes. — Sous des formes diverses, l'accès de la
justice lui est fermé ou rendu plus onéreux que

---

(1) Art. 5 de la Coutume de Loudunois, au titre de Moyenne
justice (voy. Dalloz, *Rép. alph.*, vº DROIT CIVIL, nº 17).

(2) Bacquet, *Du droit d'aubaine*, ch. III. — Pothier, Édit. Bugnet, t. IX. *Traité des personnes et des choses*, part. I, tit. II,
sect. 2, nº 48. — Cpr., Dalloz, *loc. cit.*, nº 16.

(3) Pothier, *op cit*, nº 48. — Cpr., Dalloz, *loc. cit.*, nº 18 :
« Si aucun aubain, autrement appelé *avenu*, est demeurant par
« an et jour dedans la dite châtellenie, sans faire adveu de
« bourgeoisie, il est acquis serf audit seigneur » (Coutume de
la baronnie de Châteauneuf). — Cpr., Minier, *Précis historique
du droit français*, p. 352.

(4) Fiore, *op. cit.*, nº 10.

profitable (1). Enfin, et principalement, il est soumis au droit d'*aubaine*, connu d'abord sous le nom d'*abigénage*. — Le droit d'*aubaine* concentra sur l'étranger (indépendamment de celles qui précèdent et d'autres encore, si on le prend dans son sens le plus large) un ensemble de rigueurs qui, dans les pays même où l'aubain vivant restait libre, a fait dire à nos vieux coutumiers qu'il mourait dans la servitude. Il ne succède, en France, à personne, soit *ab intestat*, soit par testament. Il ne peut, de son côté, faire aucun testament, si ce n'est, au temps de Loysel, jusqu'à concurrence de 5 sols, au profit de l'Église, afin de pouvoir, à titre de bienfaiteur, se faire inhumer en terre sainte (2); il n'a enfin d'autre héritier, même *ab intestat*, que son seigneur, excluant tous les héritiers du sang, même les enfants (3).

Les aubains trouvèrent un appui dans le pouvoir royal lorsqu'il engagea la lutte avec la féodalité. Les Établissements de saint Louis, par exemple, ne laissent plus au seigneur que la moitié des meubles par préférence à la postérité légitime de l'étranger (4).

---

(1) Cpr., Pothier, *op cit.*, n° 49, et l'ordonnance de 1667.

(2) Loysel, *Institutes coutumieres*, liv. I. — Bourjon, *Droit commun de la France*, t. VII, ch. Iᵉʳ. (Voy. Dalloz, *op. cit.*, n° 29.) — Cpr., Pothier, *op cit.*, n° 48.

(3) Voy. Dalloz, *op. cit.*, n°ˢ 19 et 29.

(4) « Se gentilhons a hons *mesconneu* en sa terre, se il servoit « le gentilhons et il morust, le gentilhons aurait la moitié de « ses meubles, et se il muert sans hoir et sans lignage, toutes « les choses seront au gentilhons. Mès il rendra sa dette (c'est- « à-dire il acquittera les legs) et fera l'aumosne. » (Établissements de saint Louis, liv. I, ch xcvi. (Voy. Dalloz, *op. cit.*, n° 19).)

Il suffisait au surplus à l'aubain, pour obtenir la protection de la couronne, de passer aveu au roi et d'en faire ainsi son seigneur. Mais cette protection n'était pas désintéressée ; — et à mesure que la royauté gagna du terrain sur ses adversaires, elle s'empressa de l'imposer. Dès le 5 septembre 1386, des lettres-patentes de Charles V, déclarent « qu'il « est notoire et qu'il a apparu à son conseil par les « chartes, ordonnances, etc., qu'en son comté de « Champagne lui appartiennent de plein droit tous « les biens meubles et immeubles des aubains, en « quelque justice que ces aubains soient demeurant « et décèdent, et en quelque lieu que leurs biens « soient situés (1). »

Le droit d'*aubaine* devint ainsi un droit régalien. S'il affecta moins qu'à l'origine, depuis la législation de saint Louis, la dévolution du patrimoine de l'aubain décédé, les taxes à acquitter pour vivre ne diminuèrent pas tout d'abord. L'aubain continue de payer annuellement le droit de *chevage* (12 deniers parisis à la Saint-Remy) « au droit et à cause « du gouvernement et administration générale du « royaume (2). » Veut-il épouser une personne d'une autre condition que la sienne, il n'en obtiendra pas toujours l'autorisation, mais ne l'obtiendra, en tous cas, qu'en payant la taxe de *for-mariage*, qui atteint en certains endroits le tiers et en d'autres la moitié de sa fortune (3).

---

(1) Dalloz, *op. cit.*, nᵒˢ 18 et 27. (Cpr. Minier, *loc. cit.* et Établissements de saint Louis, ch. XXXI.)

(2) Bacquet. (Voy. Dalloz, *op. cit.*, nᵒ 28.)

(3) Pothier, *op. cit.*, nᵒ 48 ; – Dalloz, *op. cit.*, nᵒ 23.

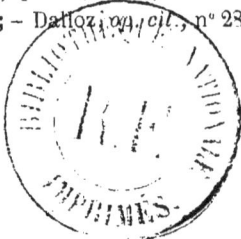

2

Ces taxes, sans doute, tombèrent en désuétude à mesure que disparurent les plus anciens abus de la féodalité ; mais le fisc, au moyen de redevances accidentelles, y suppléa souvent, pour peu qu'il en imaginât la nécessité. Ainsi, en 1587, un édit de Henri III ordonna que tous les marchands étrangers, même ceux naturalisés, se fissent délivrer, moyennant l'acquit d'un droit, une carte pour résider dans le royaume. Sous Louis XIV, plusieurs édits obligèrent les étrangers naturalisés à faire confirmer, moyennant une nouvelle taxe, leurs lettres de naturalisation (1).

Enfin, si mitigée qu'ait pu devenir l'application du droit d'aubaine, l'un de ses principaux attributs, je veux dire l'incapacité pour l'étranger de succéder en France, ne se modifia jamais (2).

Et même, une grave méprise des jurisconsultes, de Bodin entre autres (3), lui créa, en apparence, un précédent de quelque autorité. On crut que telle avait été la condition des pérégrins à Rome. Il n'en était rien, puisque le pérégrin succédait ou transmettait suivant la loi de sa cité. Mais si le texte romain fut mal compris, il faut bien reconnaître que le Trésor n'avait pas d'intérêt à répudier le commentaire.

Toutefois, les relations internationales s'empreignant de plus en plus de bienveillance, le droit d'au-

---

(1) Dalloz, *op. cit.*, n° 32. — Fiore, *op. cit.*, n° 12.

(2) Loysel, *Institutes coutumières*, liv. I, règle 50. (Voy. Dalloz, *op. cit.*, n° 29)

(3) Bodin, *Traité de la République*, liv. I, ch. vi. (Voy. Dalz., *op. cit.*, n° 21)

baine, par des traités fort nombreux, sous Louis XV et Louis XVI, fut converti, dans les rapports de la France avec divers peuples, en un droit de 10 % sur les successions sous le nom de Droit de *détraction*. Mais l'un et l'autre ne furent supprimés que par la Révolution de 1789.

Et pourtant, on peut, sous les efforts successifs ou simultanés de plusieurs causes, constater, depuis le XII° siècle tout au moins, non-seulement un réveil, mais un progrès déjà décisif de la science du Droit international privé.

La première, en date tout au moins, de ces causes dut être l'influence du Droit canonique au début de la féodalité, dont les procédés inhumains contre les étrangers ne pouvaient se concilier avec les préceptes de l'Église (1). Puis l'intérêt du commerce international, alors surtout que les importantes foires du midi de la France attirèrent les marchands de Florence, de Milan, de Lucques, de Gênes et de Venise, suggéra à nos rois de larges concessions. Charles VII, Louis XI et Charles IX accordèrent notamment aux étrangers qui venaient aux quatre grandes foires de Lyon, l'exemption des principales conséquences du droit d'aubaine pendant leur voyage, leur séjour et leur retour (2). Dans les pays voisins et particulièrement en Angleterre, on rencontrerait nombre de dispositions analogues (3). On peut dire, au surplus, qu'à toute époque, depuis le moyen âge, le Droit in-

(1) Fiore, *op. cit.*, n° 14.

(2) Fiore, *Ibid.* (Voir pour plus de détails Dalloz, *op. cit.*, n° 33, 34, 35.)

(3) Fiore, *op. cit.*, n° 13.

ternational privé n'a pas eu de promoteur plus puissant que le commerce ; et il ne faut pas s'étonner que, de nos jours même, les résultats qui lui sont acquis soient infiniment plus accusés en matière commerciale, entre autres pour la législation des effets de commerce et de la faillite (1) que dans les matières civiles.

Mais ce qui, surtout, et bien longtemps avant 1789, révèle d'une manière caractéristique une élaboration continue de la science du Droit international privé, c'est la recherche patiente, par les écoles juridiques de tous les pays, des principes fondamentaux sur lesquels elle doit s'appuyer.—Je dis la recherche, non pas la découverte, parce qu'il faut, en effet, se garder de transporter, sans un rigoureux discernement, dans l'interprétation du Droit international actuel, français ou étranger, et cela malgré les traces profondes qu'elles y ont laissées, les doctrines de nos vieux juristes.

Chose à noter, -- ce ne fut pas même à l'occasion de la condition des étrangers proprement dits qu'ils se livrèrent à la poursuite des conceptions qui, tour à tour, ont fait école en Europe jusqu'à la fin du

---

(1) Le règlement des conflits de législation devient chaque jour plus important aussi en matière de droit maritime. (Voy. M. Ch. Lyon-Caen, *Études de Droit international maritime*. (1883). — n° 2. — Nous relevons à ce point de vue (sans avoir autrement à l'apprécier ici, bien qu'il nous paraisse avoir fait une juste application des principes) un important jugement du tribunal de commerce de Caen du 7 septembre 1883. (Voir le journal l'*Écho du Palais*, du 17 décembre 1883, p 4 et suiv.)

XVIII° siècle. Ce fut, en général, et pour la France
en particulier, le règlement de la condition des
habitants d'une même province, nés sous l'empire
de coutumes différentes, qui ouvrit le champ de la
discussion.

On avait compris, dès le XII° siècle, dans les
écoles italiennes de la Renaissance, que la *territorialité* conduisait en législation à des résultats
inacceptables. Les recueils de Justinien, dont l'étude
prit d'ailleurs, à cette époque, un essor si remarquable, fournirent des armes aux jurisconsultes de
Bologne pour faire échec à cette thèse. Entre autres
exemples, un testament fait par un voyageur dans
les formes du pays où il décédait devait-il être an-
nulé, si ces formes étaient différentes de celles de la
loi de son domicile ou du statut auquel le soumettait
sa condition féodale ? Oui, semble-t-il, puisque rien
ne vaut dans son pays de ce qui se passe au-delà de
la frontière. Mais, les textes du Code en main (et
sans trop s'embarrasser de leur faire quelque vio-
lence), Bartole et ses disciples tiennent le testament
pour bon, et la règle *Locus regit actum* entre ainsi
dans la science (1). C'est la première conquête de
l'exterritorialité législative.

_____

(3) Voy. Duguit, *op. cit.*, p. 25 à 29. La loi 31, au Code, *De Tes-
tamentis*, 6, 23, invoquée par Bartole, n'a qu'un rapport assez
éloigné avec la consécration, en principe, de la règle *Locus regit
actum*. Ce texte n'a pour but que d'autoriser les habitants de la
campagne, dans les endroits où on ne trouve pas assez d'hommes instruits (*literati*), pour participer aux formes un peu com-
pliquées des testaments suivant la loi ordinaire, de s'en rapporter à leurs vieilles coutumes. C'est une mesure spéciale et

Après les lois *de forme* restaient les autres. Quelles étaient celles qui suivraient le sujet au-delà du territoire de son domicile, et celles qui, au contraire, n'auraient de force que sur ce même territoire ? Les maîtres français et étrangers du XVIᵉ au XVIIIᵉ siècle, Dargentré, Dumoulin, Boullenois, Froland et le président Bouhier, — les Voët en Hollande, et en Allemagne Hertius, imaginent alors la célèbre et ardue théorie du statut réel et du statut personnel. -- Rassurez-vous ! je ne veux que saluer en passant le souvenir des efforts qu'elle a coûtés à ces vigoureux esprits.

Ils appelèrent statut *personnel* toute loi réglant *principalement* la condition juridique des personnes, — et statut *réel* toute loi ayant pour objet *principal* la condition des choses ; — et il fut entendu que le statut personnel de son domicile suivrait partout la personne, tandis que le statut réel de leur situation régirait tous les biens (1).

Classification à la fois trop vague, et trop étroite ! Trop vague, car elle laissait à déterminer (ce qui n'est pas facile !) quelles étaient les lois qui concernaient *principalement* la condition des personnes, et quelles étaient celles qui avaient pour objet *prépondérant* la condition des biens ; trop étroite, car s'il y a des lois qui semblent appartenir aux deux

toute d'expédient. La règle *Locus regit actum*, qui tranche, en faveur de celle du lieu où l'acte est passé, le conflit de deux législations générales, c'est-à-dire s'adressant chacune à tous les citoyens, a une portée bien plus étendue.

(1) Voy. notamment Fiore, *op. cit.*, n° 31.

catégories, il y en a qui paraissent plutôt n'appartenir ni à l'une ni à l'autre. De ces dernières sont précisément les lois sur la forme des actes ; et la règle *Locus regit actum*, depuis longtemps consacrée cependant, n'eût peut-être pas trouvé facilement sa place dans le système, sans un détour fort subtil dont le président Bouhier s'avisa.

De même que la capacité des contractants dépend de la loi de leur domicile (pensa-t-il), de même la forme des actes relève de la loi de ceux qui les dressent et qui en sont ainsi les maîtres (1). L'authenticité n'est qu'une question de capacité, — non pas des parties, il est vrai, — mais du notaire. Loi de capacité, donc statut personnel !

Boullenois avait eu une idée plus originale. Pour exterritorialiser l'acte, pour le personnaliser, suivant le terme consacré et le rendre apte à se faire accueillir partout, il le personnifie : « l'acte juridique, « dit-il, est un enfant, citoyen du lieu où il est né « et qui doit être vêtu à la manière du pays (2). » Il ne restait plus, — et c'est ce que fit l'École française, – qu'à lui délivrer un passeport !

La science actuelle, moins ingénieuse, prétend avec raison, asseoir les mêmes solutions sur des bases plus solides. Et la vérité est que la théorie des statuts, – sans avoir été stérile, tant s'en faut, — n'a pas donné tous les fruits qu'on en attendait. Quant

---

(1) Duguit, *op. cit.*, p. 40. Voir au surplus les développements donnés par cet auteur, p. 32 à 47, sur la *Jurisprudence française du XVI° au XVIII° siècle*.

(2) Duguit, p. 39, note 1ʳᵉ.

à celles qui la remplacèrent, avec moins d'éclat et de succès, je ne saurais vous en dire un seul mot sans abuser, outre mesure, de votre bienveillante attention.

Toujours est-il que, si restreint que fût leur champ d'action, borné à la conciliation de coutumes toutes nationales, les jurisconsultes de la France et des pays voisins, lorsqu'éclata la Révolution française, avaient, pour leur bonne part, avancé le développement du Droit international privé.

L'abolition des droits d'aubaine et de détraction, par le célèbre décret du 6 août 1790, allait lui ouvrir de nouveaux et lointains aperçus.

Sous l'inspiration d'un patriotisme assurément beaucoup plus convaincu que réfléchi, on n'a pas épargné, même assez récemment encore, au décret de 1790 les critiques les plus amères. J'aurai indiqué suffisamment le diapason de ces protestations, et le degré d'attention qu'il faut y apporter, si je rappelle qu'à un publiciste de cette école, l'établissement du droit d'aubaine, avec toutes les rigueurs que vous connaissez, est apparu comme un témoignage de grand sens politique ; malheureusement compromis dès le XVIII° siècle par des concessions fâcheuses ! et dont la disparition, en amenant chez nous des étrangers, permet de se demander « quel intérêt il « il y a aujourd'hui à être Français en France et à « s'y attacher au sol. » (1)

(1, M. Hubbard, *Patrie, Essai de politique légale.* — Les idées émises par l'auteur ont été vivement et justement critiquées par M. Pradier Fodéré (Introduction à sa traduction du livre précité, de M. Fiore, p. VI et suiv.).

Politiquement, le décret de 1790 n'était pas irré-
prochable ; mais il ne mérite pas ces sévérités effa-
rées. Notre tempérament national a de ces élans, —
quelquefois mal récompensés, — mais qui portent
alors avec eux leur leçon, — dont il faut savoir se
souvenir sans abdiquer les bons côtés de notre carac-
tère. Au lieu de lui tendre la main, l'Assemblée de
1790 ouvrait les bras à l'Europe ; — c'était trop ! Le
Code civil rentra bientôt dans la mesure. Il ne
rétablit pas le droit d'*aubaine* (qui eût attribué la
succession de l'étranger à l'État, même à l'encontre
d'héritiers français). Il se borna à ne permettre *à un
étranger* de recueillir en France que sous la condition de réciprocité diplomatique posée dans les articles 11, 726 et 912 ; — jusqu'au moment où la loi
du 14 juillet 1819, dans le but de relever notre
commerce national en attirant chez nous des capi-
taux que la perspective de ce qui restait du droit
d'aubaine écartait, rendit aux étrangers le droit de
succéder, de disposer et de recevoir comme les
Français, sans aucune condition de réciprocité. La
théorie humanitaire de 1790 avait décidément trouvé
grâce, du moins sur ce point, aux yeux des écono-
mistes de 1819 !

Je n'insisterai pas sur les faits multiples qui,
depuis cette époque, ont attesté plus énergique-
ment que jamais la tendance des peuples de l'Europe
vers l'entente dans le domaine des conflits de Droit
civil et commercial (1).

(1) Voy. Louis Renault, *op. cit.*, nᵒˢ 28 et suiv. et *passim*, — et
l'*Introduction* de M. Pradier Fodéré au *Traité de Droit international privé*, de M. Fiore.

Je n'en veux signaler qu'un. C'est l'importance, extrêmement remarquable depuis quelques années, des travaux de la jurisprudence, de la doctrine et des publicistes, en Droit international privé. — Ces travaux n'y ont pas, en effet, seulement pour résultat, comme dans les autres branches du droit, de servir une législation faite, d'éclairer des textes arrêtés. La législation, aujourd'hui comme aux XVᵉ, XVIᵉ et XVIIIᵉ siècles, ce sont eux qui la font ; c'est en eux qu'elle s'exprime et se constitue ; ils sont encore, et pour longtemps, l'indispensable instrument de sa formation.

Analysez, en effet, la marche à suivre par le Droit international privé pour parvenir à son but. Vous trouverez que sa tâche se compose, dans chaque pays, et par exemple pour nous, en France, des opérations suivantes : — Déterminer les principes généraux qui doivent servir de base au règlement des conflits de législation ; -- Examiner comment notre loi française règle en détail ces conflits ; – Comparer enfin notre solution sur tel point avec les solutions étrangères sur le même point, pour obtenir un jour que celle qui sera le plus conforme aux principes rationnels, passe définitivement dans une loi internationale unique, fruit de longues études combinées avec les leçons de l'expérience (1).

Reprenons, si vous le voulez bien, la première étape

(1) Voir, sur la méthode pratique à suivre pour arriver à ce résultat, les très-judicieuses observations consignées par M. Pradier Fodéré, dans une lettre à M. Dudley Field, et reproduites dans l'*Introduction* précitée, p. XXI à XXIV.

seulement de cet itinéraire : déterminer les principes
généraux du règlement des conflits. C'est ce que fait
l'école moderne, sans trop de peine ; mais, précisément, en évitant de s'enfermer dans une formule
trop étroite, comme celle de l'ancienne théorie des
statuts.

La thèse, tout entière, dont les éléments se
trouvent dans l'article 3 du Code civil français, mais
dont la formule a été plus nettement donnée par
les jurisconsultes Italiens, tient dans ces trois pro-
positions : 1° Les lois d'un État ne s'appliquent
qu'aux habitants du pays soumis à sa souveraineté ;
2° Mais chaque souveraineté peut exercer ses droits
au-delà de son propre territoire, pourvu qu'elle ne
blesse pas les droits des autres souverains ; 3° Et
enfin, l'exercice des droits de souveraineté cesse
d'être inoffensif lorsqu'il blesse les principes d'ordre
public, ou l'intérêt économique, politique, moral,
religieux d'un autre État (1).

En d'autres termes, l'application aux étrangers de
leur loi nationale se limite pour chaque peuple par
l'intérêt de sa sécurité.

Nous voilà donc en présence d'une question de
fait, pour la solution de laquelle il faut nécessaire-
ment faire appel, toutes les fois qu'un texte n'a pas
tranché le point débattu, — c'est-à-dire presque
toujours, — aux lumières de la raison, aux induc-
tions à tirer de l'esprit général de nos lois, aux
nécessités créées par les événements ; rien n'étant
plus contingent, plus délicat. plus subordonné aux

(1) Voy. Fiore, *op. cit.*, ch. IV, n°s 23 à 28.

inspirations de la conscience individuelle que les questions d'ordre public.

Pouvons-nous astreindre toujours l'étranger à comprendre l'ordre public comme nous le comprenons? Et quels sont au juste les sacrifices que notre sécurité peut demander à sa liberté?

Notre jurisprudence interdit à l'étranger, en France, et en dépit de sa loi nationale, le divorce, comme la polygamie. Elle a raison, je crois, — c'est même au divorce seul, bien entendu, que peut s'adresser ma formule dubitative (1). Mais supposons

(1) Mais la jurisprudence, depuis un célèbre arrêt de la Cour de Cassation, du 28 février 1860, aff. Bulkley, rendu sur les conclusions de M. le procureur général Dupin et sur le rapport de M. le conseiller Sévin (Dalloz, 1860, 1, 57) et suivi d'un arrêt conforme de la Cour d'Orléans du 19 avril 1860 (Dalloz, 1860, 2, 82), permet, avec non moins de raison, à l'étranger légalement divorcé dans son pays, de se remarier en France (Cpr., Demolombe, I, n° 101, et Cass. civ., 15 juillet 1878, Dalloz, 1878, 1. 340. *Contra:* Aubry et Rau, 4e édit., t. V, § 469, p. 129, note 8, et les auteurs cités). — Quant à l'interdiction de divorcer en France (en dépit d'une loi étrangère qui le permettrait), elle est généralement consacrée par la doctrine française. (Cpr. aussi, pour l'Italie, Fiore, *op.. cit.*, n° 121.) Elle a été expressément affirmée par M. Sévin dans son rapport, et implicitement, soit par M. Dupin (Voy. note suivante), soit, ce semble, par l'arrêt du 28 février 1860. Un arrêt de la Cour de Paris du 20 novembre 1848 (Dalloz, 1849, 2, 239), en a même tiré cette conséquence, logique suivant nous, que le jugement qui prononce le divorce d'un étranger, et par exemple d'un Suisse marié à une femme française, ne peut recevoir d'*exécution* en France, même quant aux dépens. Et la solution ne devrait pas changer, suivant nous, si les deux époux étaient étrangers. De quelque façon qu'on apprécie, en effet, le divorce, et encore bien que toutes les législations qui l'admettent se fondent pour cela sur l'ordre

qu'il s'agisse des conditions de ·parenté requises
pour se marier. Interdirons-nous à un étranger le
mariage sans dispense du gouvernement français
avec une de ses parentes, étrangère comme lui, que
sa loi lui permet, et que la nôtre, s'il était Français,
lui défendrait d'épouser sans les avoir obtenues? Et,
en admettant que nous nous départions, en ce cas,
de la sévérité de tout à l'heure, ne redeviendrons-
nous pas moins faciles, suivant le degré de parenté
en question ou tout simplement s'il s'agit pour
l'étranger d'épouser une Française (1)?

public,—ce qui, sans être démontré, tant s'en faut, nous paraît,
quant à nous, ne pouvoir même se soutenir qu'à la condition
d'en restreindre les causes à un nombre infiniment circonscrit
de situations tout à fait exceptionnelles, — il est impossible,
en tous cas, de méconnaître que le législateur de 1816 n'en a
édicté la prohibition que parce qu'il y a cru l'ordre social,
en France, engagé d'une manière absolue et exclusive de toute
concession (Cpr. note suivante). Tout autre est la situation
de l'étranger divorcé chez lui, et qui nous arrivant, libre de tout
lien, en vertu d'un fait indépendant et en dehors de toute action de la souveraineté française, ne saurait être privé de la faculté qu'elle reconnaît elle-même à tout Français maître de
lui, de contracter mariage. C'est ce que M. Dupin, partisan cependant très-ferme de la suppression du divorce, a, dans les
conclusions dont il a été parlé ci-dessus, très-énergiquement mis
en lumière. (Voyez aussi *Manuel de Droit international privé*
de BourdonViane et Magron, p. 187 et 188, notes'. Il ne s'agit plus
ici, ajouterons-nous, d'*exécuter* le jugement de divorce, puisqu'il
s'agit de passer outre à un acte ultérieur et distinct, qui, lui,
n'est point défendu par nos lois, et n'est que la conséquence du
statut personnel étranger qu'elles respectent.

(1) L'application, même à deux étrangers, des empêchements
au mariage résultant, chez nous, de la parenté ou de l'alliance,
a paru, jusqu'à présent, ne pas faire doute. (Voy. Demolombe,

Une femme française séparée de corps se fait,
sans le consentement de son mari , naturaliser

I, n° 100; Aubry et Rau, 4ᵉ édit., t. I, § 31, p. 96, note 34,
et t. V, § 469, p. 129 et note 7; Fiore, *op. cit.*, n° 92.)
Une circulaire ministérielle du 10 mai 1824, et une autre
du 29 avril 1832, se sont même prononcées en ce sens. Toutefois, M. Demolombe, en tant toujours qu'il s'agit de deux
étrangers, fait remarquer que les motifs de la circulaire de 1824
sont contestables, attendu qu'il n'est aucunement question ici
d'une loi de forme à appliquer, ainsi que ce document l'énonce
à tort, mais bien d'une loi de capacité, qui fait partie du statut
personnel de l'étranger. Aussi n'est-ce que le motif d'ordre
public visé par la circulaire de 1832, qui détermine le savant
auteur à en admettre les exigences. Nous contestons la lé-
gitimité de ces exigences. Traitant de la loi qui doit régir, en général, et sous le rapport de ses effets notamment,
le mariage contracté à l'étranger, M. Fiore a dit, ce nous
semble, avec grande justesse, relativement au souverain du
lieu où les époux sont domiciliés : « Quel intérêt aurait-il d'ap-
« pliquer toutes les lois faites pour ses propres sujets, à régler
« les rapports *d'une famille étrangère ?* Si la famille est étran-
« gère, si les enfants naissent étrangers, quel avantage y aurait-
« il à vouloir déterminer par les lois de son propre pays l'état
« civil de ces individus et leurs mutuels rapports ?...., (n° 81). »
— Et si l'on objecte que les lois qui règlent la famille « inté-
« ressent éminemment l'organisation de la société », l'auteur
répond en distinguant dans le droit de famille des dispositions
« établies pour défendre *les intérêts privés* des membres de
« la famille », comme *l'autorisation maritale* qu'il laisse régir
par la loi nationale du mari ; — et d'autres, qui ont pour but de
conserver *la morale publique* , comme celle qui prohibe le
divorce, ou comme les empêchements au mariage, résultant de
la parenté ou de l'alliance, dispositions qu'il appelle le Droit
public matrimonial, et qu'il applique aux étrangers. — Nous
irons plus loin, dans les concessions à faire à la loi étrangère,
et M. Fiore, lui aussi, on va le voir, en admet de plus larges
qu'il ne semblerait d'après ce qui précède. — Nous estimons, en

étrangère dans un pays qui permet le divorce, l'obtient et s'y remarie. Le pouvait-elle, et comment

effet, que même parmi les règles législatives fondées sur l'*ordre public*, il y en a de deux sortes : 1° *les unes* qui n'admettent aucun compromis avec la loi étrangère, parce qu'elles intéressent de trop près chez nous la préservation sociale; comme la prohibition du divorce, dans l'esprit du législateur français de 1816 et de la loi italienne : de ce nombre serait encore la loi qui prohibe *absolument*, c'est-à-dire même avec dispenses, le mariage entre certains parents ; 2° *les autres,* qui ne s'imposent pas avec le même degré de nécessité, de telle sorte que, pour celles-ci, une loi étrangère qui différera de la nôtre, contrariera seulement notre manière de voir sur l'ordre social, sans offrir pourtant, dans son application chez nous, — mais à une famille étrangère seulement, — un danger pour notre sécurité. — Et telle nous paraîtrait la loi étrangère qui autoriserait le mariage sans dispenses entre personnes, *toutes deux ses sujettes*, tandis qu'elles y seraient astreintes si elles étaient françaises. — S'il s'agissait de mariage entre Français et étrangers, ce serait différent, la capacité des parties, devant s'apprécier, tout le monde en convient, suivant la loi personnelle de chacune. — La loi sur l'autorisation maritale n'est même, à notre avis, qu'une de ces dispositions d'ordre public secondaires, comportant, chez nous, la substitution, en tant qu'il s'agit d'époux étrangers seulement, de la loi étrangère à la nôtre. En somme, — (et M. Dupin l'a dit avec raison dans ses *Conclusions* de 1860) : « Parmi les choses contraires aux bonnes mœurs, il faut « distinguer ce qui blesse la morale de tous les siècles et de tous les peuples, de ce qui blesse seule- « ment les mœurs publiques de telle ou telle cité. » Cette proposition ne va pas, on le sait, (voy. note précédente) jusqu'à nous déterminer et n'eût pas déterminé M. Dupin lui-même (Voy. Dalloz, *loc. cit.*, p. 59, 2° col., p. 61, 2° col., et 62, 2° col.) à permettre à l'étranger de divorcer en France d'après sa loi ; mais, tout au moins, sur une question toute voisine (puisqu'il suffit, pour la rencontrer, de renverser l'hypothèse), la distinction dont il s'agit trouve une fois de plus (et il y en

sa situation se règle-t-elle, tant au regard de la loi française que de la loi de la nouvelle nationalité à

aura bien d'autres exemples), son application ; et M. Fiore lui-même n'hésite pas à la consacrer. Examinant, en effet, si, dans un pays qui permet le divorce (ce qui est le cas de presque tous les pays de l'Europe,—où cette disposition, nous l'avons dit, est motivée sur l'ordre public), on pourrait prononcer le divorce entre étrangers à qui leur loi nationale l'interdirait, le savant jurisconsulte Italien , après avoir exposé les contro-verses qui s'agitent à cet égard, se prononce pour la négative, et ne voit pas de raison « pour laquelle on doive regarder comme « nécessaire pour l'ordre public et la police générale d'un état « de décréter le divorce..... entre étrangers, de les déclarer « libres et de les autoriser à se remarier. » (*Op. cit.*, n° 131.— Cpr. aussi n° 125, où la question est parfaitement posée.)— Nous sommes tout à fait de cet avis. C'est qu'en effet, du mo-ment où il ne s'agit que d'une famille étrangère, la sécurité du pays dont la loi permet le divorce ne saurait être, en vérité, considérée comme engagée à le prononcer, malgré leur légis-lation, entre sujets qui ne lui appartiennent pas

Nous insistons sur cette manière d'envisager les lois d'ordre public d'un pays, parce qu'elle est, croyons-nous, féconde en conséquences. La doctrine moderne y trouve des raisons à notre sens fort bonnes de corriger au profit de la législation étrangère, les inconvénients de certaines formules trop abso-lues de la nôtre. Jusqu'à quel point encore, par exemple, est-il vrai de dire que les immeubles possédés en France par des étrangers sont régis par la loi française ? (art 3, C. civ.) S'en suit-il que, dans toute question où un immeuble de France est en jeu, la législation française doive s'appliquer ? c'est-à-dire que tout ce qui concerne les immeubles en France, soit du statut réel ? Ou bien ne doit-on pas borner l'application de l'article 3 du Code civil aux questions immobilières intéressant l'organisation de la propriété ou de ses démembrements ; ou en un mot, et plus généralement, la condition du sol français ? Cette dernière tendance s'accuse tous les jours de plus en plus, et, sous réserve de certaines critiques, auxquelles nous ne

laquelle elle prétend ? Les arrêts ont succédé aux
arrêts ; la question a, depuis dix ans et plus, pas-
sionné les jurisconsultes ; et, si persuadé que je sois
que le dernier mot en a été dit par la Cour de Paris
dès 1876, je n'affirmerais pas que la controverse, qui
récemment même se ravivait avec une nouvelle
ardeur, soit sur le point d'être close (1).

Je ne multiplierai pas (ce qui serait facile) les
exemples. J'en ai dit assez pour vous faire entrevoir
que c'est à la jurisprudence et à la doctrine de

pouvons nous arrêter ici, relativement à quelques-unes des pro-
positions qu'elle a inspirées, nous la croyons très-justifiée.
(Voy. un article de M. Fiore, traduit par M. Antoine dans la
France judiciaire, livraison du 16 janvier 1883, p. 117 à 128 :
(*Les lois réelles et les lois personnelles, d'après les principes du
Droit international et la jurisprudence.*) — et notamment l'ap-
préciation qui est faite, p. 125, d'un jugement du tribunal de la
Seine du 25 août 1880.)

(1) Voir notamment (avec les autres autorités qu'on y trouvera
indiquées) : 1° une dissertation de M. Labbé (*Journal de droit
international privé*, 1875, p. 409); 2° une dissertation de M. de
Hollzendorff (*Journal de droit international privé*, 1876, p 5 et
suiv.) ; 3° l'arrêt de la Cour de Paris du 17 juillet 1876, aff. de
Bauffremont (*Journal de Droit international privé*, 1876, p. 350
et suiv.); 4° une seconde dissertation de M. Labbé (*Journal
de Droit international privé*, 1877, p. 5 et suiv.— et Cpr., M. Bard,
Précis de Droit international (1883), n° 149—5° une dissertation
de M. de Folleville, *Revue pratique*, t. XLVI, p. 505 et suiv.;— et
Cpr. du même auteur: *Etude sur la naturalisation, en pays
étranger, des femmes séparées de corps en France* (2° édit) —
Voy. aussi Bluntschli, *De la Naturalisation, en Allemagne, d'une
femme séparée de corps en France* (1876), et *Revue pratique*,
t. XLI, p. 805 et suiv.;—6° Bruxelles, arrêt du 5 août 1880;
Sirey, 1881, 4, 1. — Cpr. Cass. (France), 18 mars 1878 (Sirey, 1878,
1, 193) et les notes sur ces arrêts, etc., etc.

chaque pays qu'il appartient principalement de poser
les assises du Droit international privé. C'est au Droit
comparé qu'il appartiendra de les affermir (1) ; c'est
enfin à la diplomatie qu'est dévolue la tâche de
consacrer et de codifier au besoin les résultats obtenus (2). La doctrine et la jurisprudence auront

(1) M. Beudant, doyen de la Faculté de droit de Paris, a dit
du Droit international privé : « C'est par lui que la Législation
comparée, si longtemps négligée en France, et qui a pris, tout
à coup un si grand essor, va pénétrer dans le cadre ordinaire
des programmes de nos écoles » (Discours à la distribution des
prix de la Faculté de Paris du 1er août 1882. (*France judiciaire*,
1er octobre 1882, p. 559.) — L'étude du Droit comparé a produit
récemment une œuvre magistrale, pleine d'érudition et d'origi-
nalité. C'est l'*Histoire du Droit et des Institutions politiques civiles et judiciaires de l'Angleterre*, de M. Ernest Glasson, membre
de l'Institut, professeur à la Faculté de Droit de Paris et à l'École
des sciences politiques (6 vol.). — Cpr., du même auteur: *Le
Mariage civil et le Divorce dans l'antiquité et dans les principales législations modernes de l'Europe*. La troisième partie de
ce volume est consacrée à un important aperçu général sur les
législations étrangères (2e édit., 1880). — Voy. aussi l'intéres-
sante *Etude sur la propriété foncière en Angleterre*, de M. G. Le-
bret, agrégé chargé de cours à la Faculté de Droit de Caen (1882).

(2) Voy., *Sur l'influence des diverses sources du Droit international*, M. Louis Renault, *op. cit.*, p. 32 à 54, nos 23 à 41. — Particulièrement, sur le rôle des *Traités* dans la formation du Droit
international, M. Renault écrit : « Il y a des distinctions à faire:
« pour les États qui y sont parties, le traité est obligatoire comme
« un contrat. . . . . . Pour les États qui ne sont pas intervenus
« au traité, et même pour ceux qui y sont intervenus, dans
« leurs rapports avec les premiers, le traité ne saurait avoir
« cette valeur obligatoire; il a alors seulement l'importance de
« la constatation d'un fait, à savoir l'accord de deux ou plu-
« sieurs États sur un point donné. On peut alors comparer

alors fait le *Code du Droit des gens*, comme les travaux des Cujas, des Dumoulin et des Pothier ont édifié le *Code civil*.

Et je dis que, de nos jours, ces belles études ont sollicité plus vivement que jamais, et sous toutes ses formes, l'activité de tous ceux que préoccupent les progrès de la vérité juridique.

D'importantes sociétés se sont fondées, comme, en 1873, l'*Institut international* de Gand, et l'*Association pour la réforme et la codification du Droit*

« entre eux les traités relatifs à un même objet, pour en faire
« ressortir les ressemblances et les différences; on arrive par
« là à constater le droit commun des rapports internationaux
« d'un État donné, puis même d'un certain nombre d'États. . . .
« Les traités tendent à s'uniformiser de plus en plus, parce que
« chacun s'approprie les améliorations réalisées ailleurs. Si
« nous prenons, par exemple, les différents traités conclus par
« les États de l'Europe et de l'Amérique sur la matière de l'ex-
« tradition, on trouvera sans doute des différences tenant no-
« tamment aux différences des législations criminelles, mais
« aussi des règles identiques, qui forment un fonds commun,
« de sorte qu'il sera possible d'édifier une théorie du droit
« international positif sur l'extradition. » (*Op. cit.*, nᵒˢ 29 et 30.)
— Plaçant le Droit criminel dans le Droit public plutôt que dans
le Droit privé, nous considérons, quant à nous, la matière de
l'extradition comme se rattachant au Droit international public;
mais la méthode de formation est la même pour le Droit international privé; et, par exemple, l'auteur ajoute avec raison aux
observations qui précèdent: « Ce qui vient d'être dit s'appli-
« querait également, au moins pour les États de l'Europe, à la
« matière de la propriété littéraire et de la propriété indus-
« trielle. » Et c'est ainsi, encore, que de nos traités de commerce et de navigation (il en fait aussi la remarque), on peut
tirer des éléments en vue de l'unification de la législation internationale.

des gens, constituée aussi en Belgique. Elles groupent aujourd'hui les efforts d'hommes considérables en Europe et aux États-Unis (1). Des traités d'ensemble pleins de mérite (comme celui de M. Fiore) (2), de savantes monographies (3), des Revues périodiques

(1) Voy. Louis Renault, *op. cit.*, n° 39.

(2) Il faut signaler, entre autres, les travaux de MM. Fœlix et Demangeat (*Traité du Droit international privé*, 4ᵉ édit., 1866) ; ceux de MM. Massé (*Le Droit commercial dans ses rapports avec le Droit des gens et le Droit civil); Laurent (Le Droit civil international*, 8 vol.) ; Ch. Brocher (*Nouveau Traité de Droit international privé* (Paris, 1876, — et *Cours de droit international privé* (en publication), une importante Étude extraite de ce travail est insérée dans le *J. de Droit international privé*, 1881) ; Wheaton (*Éléments de Droit international*), et W B. Lawrence (*Commentaire sur les Éléments de Droit international, et sur l'Histoire du progrès du Droit des gens de Wheaton* ; Bluntshli (*Le Droit international codifié*, traduction Lardy, 2ᵉ édit., 1874.)

(3) Voy. notamment, en France: Legat, *Code des étrangers* (1832): — Sapey, *Les étrangers en France* (1843); — Demangeat, *Histoire de la condition civile des étrangers en France* (1844); — Soloman, *Essai juridique sur la condition des étrangers* (1844); Mailher de Chassat, *Traité des Statuts* (1845) —Schutzemberger, *Condition civile des étrangers en France* (1852); — Jay, *De la jouissance des droits civils au profit des étrangers* (1856); — Dragoumis, *De la condition civile de l'étranger en France* (1864); — Bonfils, *De la compétence des tribunaux français à l'égard des étrangers* (1865; — Féraud-Giraud, *Juridiction française dans les Échelles du Levant et de Barbarie, Étude sur la condition légale des étrangers dans les pays hors chrétienté* (2ᵉ édit., 1866, 2 vol.); — Trochon, *Des étrangers devant la justice française* (1867). Cpr.: — Bertauld, *Questions pratiques et doctrinales* t. I, p. 1 à 165 : (*Du conflit des lois françaises et des lois étrangères);—*Glasson, *De la compétence des tribunaux français entre étrangers* (Extrait de la *France judiciaire*, 1881, p. 241, et *Journ. de Droit international privé*, 1881, p. 105); Féraud-Giraud,

spéciales (1), des traductions, accompagnées quelquefois de notes aussi précieuses que le texte (2),

*De la compétence des tribunaux français pour connaître des
contestations entre étrangers* (*Journal de Droit international
privé*, t. VII (1880, p. 137 et suiv.); — Ch. Lyon-Caen, *De la condition légale des sociétés étrangères en France* (1870); — *Tableau
des lois commerciales en vigueur dans les principaux États de
l'Europe et de l'Amérique* (1876);—*Etudes de Droit international
privé maritime* (1883, Extrait du *Journal de Droit international
privé*); — De Folleville, *De la condition juridique des étrangers
en France* (1880); — Voy. enfin les articles consacrés par M. Renault, dans la *Revue critique de législation*, à l'examen doctrinal
de la jurisprudence en matière de droit international privé. —
Pour d'autres indications bibliographiques, notamment en ce qui
concerne les ouvrages étrangers, voy. une note de M. Pradier
Fodéré sur Fiore, n° 11; le précis de M. Bard (1883, *in fine*),
et surtout l'excellente notice bibliographique placée par M. Duguit, en tête de son ouvrage précité (Cpr. aussi note suivante).

(1) M. Renault les indique dans la 3ᵉ partie de son livre déjà
cité, qui contient une bibliographie raisonnée du droit international jusqu'en 1879, à laquelle on recourra avec grand profit.

(2) Nous mentionnerons tout spécialement la traduction (en
1875), du mémoire de M. Carle, professeur extraordinaire à
l'Université de Turin, sur la *Faillite dans le Droit international
privé*, qui est due à notre savant et regretté ami et collègue de
la Faculté de Nancy, M. Ernest Dubois, si prématurément enlevé
à la science. Romaniste éminent (V. ses travaux sur le sénatus-
consulte Velleien (1860), — la *Table des Clos* (1872), — la *Saisine
héréditaire en droit romain* (1880), — et surtout son édition, en
1881, des Instituts de Gaius, d'après l'*Apographum* de Stude-
mund, M. Dubois avait dirigé aussi avec succès ses études vers
le Droit international et le Droit comparé, et particulièrement
vers la législation de l'Italie dans ses rapports avec la nôtre. Il
a publié, dans la *Revue critique*, depuis 1874, des *Bulletins* de
la jurisprudence Italienne et une *Revue de cette jurisprudence
en matière de Droit international*, et il a été un des premiers

ont attesté partout l'ardeur de cet élan scientifique. Et je n'accepte pas pour notre pays, le reproche que quelques-uns lui ont adressé, de s'être laissé devancer quelque peu. Ce n'est pas ici assurément qu'il est nécessaire de rappeler de quelles vives lumières les travaux des grands interprètes de nos Codes éclairent incessamment le droit international (1); avec quelle puissance elles se projettent sur la route qu'ils ont ouverte au législateur et qui s'élargit, mais toujours sous l'éclat de ce rayonnement bienfaisant, à mesure que la civilisation amène tous les peuples à s'y engager. A côté de nos grands monuments de doctrine, non-seulement les décisions judiciaires se succèdent de plus en plus nombreuses et s'enrichissent dans nos recueils d'arrêts, d'observations d'une autorité de plus en plus grande; mais d'excellentes publications, comme le *Journal de Droit international privé* (2),

collaborateurs du *Journal de Droit international privé* (voy. note 2, p. suiv.). Aux mérites du traducteur, il a joint, dans la publication qu'il a faite du mémoire de M. Carle, ceux du jurisconsulte et du critique, par les notes étendues qui accompagnent le texte. Elles contiennent l'analyse raisonnée la plus exacte et la discussion sobre et claire des principaux monuments de la jurisprudence française et étrangère en matière de faillite, jusqu'en 1875. Rien n'est plus fécond que ce travail, sous ses trop modestes apparences.

(1) Voy. notamment Demolombe, t. I, nos 68 à 108 et 237 à 271 et *passim*. — Aubry et Rau, 4e édit., t. I, § 31, p. 80 à 115 et §§ 76, 77, 78, 79, p. 277 à 314 et *passim*.

(2) *Journal du Droit international privé et de la jurisprudence comparée*, publié depuis 1874, chez Marchal, Billard et Cie, avec le concours et la collaboration de MM. Demangeat, Dubois, Labbé,

offrent le même accueil aux monuments de la jurisprudence étrangère.

Enfin, notre *Société de Législation comparée*,
créée en 1872, consigne dans ses Bulletins les com-
munications de doctrine et de critique les plus
importantes, et réunit dans son *Annuaire*, en une
collection déjà vaste, les grands travaux législatifs
étrangers et le texte des révisions considérables que
subissent, de nos jours, presque tous les Codes de
l'Europe (1).

Ces Codes mêmes, vous n'oubliez pas qu'ils se
sont, en grande partie, inspirés des nôtres, et qu'ils
ont marqué, en ce siècle, un grand pas, dû à notre
initiative, dans la science du Droit international.

Et cette initiative, nous en avons, en ces derniers
temps, reculé heureusement les bornes bien au-delà
de l'Europe. J'en veux signaler, en terminant, un
des plus saisissants témoignages.

Ch. Lyon-Caen, Mancini, Renault, etc., par M. Édouard Clunet,
avocat à la Cour d'appel de Paris. — Dans sa partie doctri-
nale, le *Journal de Droit international privé* présente, on peut
le dire, la primeur de tous les travaux importants en Droit
international privé, des jurisconsultes les plus autorisés de la
France et de l'Europe.

(1) Le *Bulletin* comprend sept livraisons au moins par an, de
janvier à juillet inclusivement. L'*Annuaire* est publié tous les
ans. (Cotillon et Cⁱᵉ, libraires.) Par la table du *Bulletin* de la
Société de législation comparée (1869-1880, publiée en 1882 par
MM. Paul Reibaud et Picot, on peut se rendre compte de l'importance des travaux qu'elle a suscités. — Avec l'*Annuaire* de
la législation étrangère, la Société publie aujourd'hui, chaque
année également, un *Annuaire* de législation française, conte-
nant le texte des principales lois votées en France dans l'année.

En 1873, un des nôtres, un agrégé de la Faculté
de Droit de Paris, M. Boissonnade, s'éloignait de
France, chargé par le gouvernement Japonais d'une
longue et difficile mission, celle de préparer pour le
Japon un Code civil et des Codes de législation criminelle. En août 1877, les travaux de notre collègue
permettaient au Ministre de la justice du Japon de présenter au Sénat le projet de Code Pénal, et, en septembre 1879, un projet de Code de Procédure criminelle.
Ces projets, quoique révisés par les Pouvoirs publics,
sont devenus des lois qui ont emprunté aux nôtres
« une grande modération dans les peines et toutes
« les garanties de la libre défense des accusés (1). »

(1) *Bulletin de la Société de législation comparée*, livraison de
juillet 1883, p. 492 (Rapport de M. Duverger). Il faut en rappro-
cher l'important rapport présenté à la Société de législation
comparée dans sa séance du 10 mars 1880, par M. Albert Desjardins, sur les projets primitifs du Code pénal et du Code de
procédure criminelle, présentés en août 1877 et en septembre
1879. (Voir le *Bulletin de la Société de législation comparée*
d'avril 1880, p. 234 à 260.) — M. Desjardins disait de ces projets :
« Un grand changement sera accompli dans l'empire du Japon,
« quand le nouveau Droit criminel y recevra son application.
« Aucune législation ne se rapprochera plus de la nôtre que
« celle qui entrera en vigueur; aucune ne s'en éloignait plus
« que celle qui cessera d'y être. » (Voir les très-intéressants
détails indiqués dans le rapport.) — Ces projets ont été modifiés
par les Pouvoirs publics du Japon, et votés avec les modifica-
tions survenues. Mais après le vote de ces projets, ainsi passés
à l'état de loi, M. le Ministre de la Justice du Japon n'en a pas
moins pensé (a dit M. Duverger dans un rapport de 1883),
« qu'une nouvelle publication des projets de ces Codes, et du
« commentaire des projets serait utile pour l'application des lois
« nouvelles, » — et « M. Boissonnade (ajoute le rapporteur ,

Mis en regard de l'ancienne législation du pays, ce résultat est immense.

Le projet de Code civil est à l'étude, et les parties définitives de l'*Exposé de motifs* qui nous sont parvenues (1) permettent de lui présager le même

« espère que cette publication aura de plus l'utilité de ramener « l'attention sur les innovations du projet, qui ont été écartées, « comme prématurées, par exemple sur l'institution du jury. » Le gouvernement Japonais, donc, (comme le constate M. Duverger, après M. Boissonnade), « a fait preuve d'une haute im-« partialité, en ordonnant la réimpression des projets originaux « et de leurs commentaires. »

Le projet réimprimé de Code de *Procédure criminelle* et son commentaire, ou exposé de motifs développé (qui est dû à M. Boissonnade), ont été communiqués à la Société de législation comparée par M. Duverger, dans la séance de cette Société, du 13 juin 1883, en même temps que la seconde édition du projet de Code civil, dont il va être parlé. (Voyez note suiv.)

(1) Il s'agit de la 2e édition du projet de Code civil pour le Japon, dont deux volumes ont été imprimés à Tokio, savoir : le premier consacré aux *Droits réels,* en 1882, et le deuxième consacré aux *Droits personnels ou Obligations*, en 1883. Un troisième, qui sera consacré aux *Moyens d'acquérir les droits réels et personnels,* est en préparation. — Ce n'est là toutefois qu'une partie, la plus importante il est vrai, de la codification entreprise par le Japon; celle que M. Boissonnade qualifie avec raison « d'assises fondamentales du monument. » (Dédicace à M. Oghi Takato, ministre de la justice, 30 septembre 1882.) Voici comment M. Duverger, dans son rapport du 13 juin 1883, explique le but de la réimpression du projet. Après la rédaction du projet primitif, M. Boissonnade avait dû : « soumettre son travail à une commission composée des Pre-« miers présidents des Cours et tribunaux siégeant à Tokio, « de sénateurs, de secrétaires généraux du Conseil exécutif, et « aussi, plus tard, de quelques membres du Conseil d'État. « M. Boissonnade a fait d'abord, oralement, devant cette com-

succès, sinon même un succès plus grand encore.
M. Boissonnade, en effet, ne s'est pas contenté de
présenter au gouvernement Japonais le Code civil
français tel qu'il est ; il fait bénéficier son projet de
toutes les réformes acceptables que lui suggèrent
soit la connaissance approfondie de nos sources législatives, soit l'étude du Droit comparé ; de telle
sorte qu'il pourrait arriver que la prochaine législation civile du Japon réalisât, sur quelques points ,
des progrès que nous n'avons point encore obtenus
pour la nôtre.

Ne nous plaignons pas d'être ainsi devancés ; —
et, avec l'éminent jurisconsulte qui présentait, en
juin dernier, à la Société de législation comparée
les travaux de M. Boissonnade, constatons « l'hon-
« neur qu'ils font à la France, aux progrès du droit
« et, par suite, de la civilisation (1). »

« mission, le commentaire des dispositions qu'il proposait ; ce
« commentaire a été recueilli et imprimé une première fois,
« en 1880. »

La seconde édition, ou la réimpression du projet, se caracté-
rise par cette circonstance que le Commentaire (ou exposé de
motifs, rédigé exclusivement par M. Boissonnade), a été consi-
dérablement augmenté, « afin d'être traduit en japonais, et dis-
« tribué à la commission. Ce travail, dit M. Boissonnade dans
« l'*Avertissement*, servira à soutenir le projet devant les corps
« constitués, et plus tard, il sera consulté par les Cours et tri-
« buuaux, comme document donnant, d'une façon au moins
« semi-officielle, la pensée de la loi. » (*Bull. de la Soc. de lég.
comp.*, 7 juillet 1883, p. 489). — V. au surplus, pour plus de détails, l'*Avertissement* précité (p. VII et VIII du tome Ier).

(1) *Bull. de la Soc. de législation comparée*, juillet 1883, p. 494
in fine (Rapport de M. Duverger).

Oui, en effet, nous, jurisconsultes, qui sommes les soldats du droit et de la paix, nous ne saurions méconnaître, dans le Droit international privé, l'un des agents les plus puissants et les plus actifs de la civilisation.

Nous ne saurions oublier davantage, sans être ingrats, qu'il a, tout auprès de nous, des alliés dévoués jusqu'au sacrifice. Nous comptons à son actif tous les services, toutes les abnégations, tous les dévouements dont la France est prodigue au profit de la science et de l'humanité. Comment, surtout au sein d'une réunion Universitaire comme celle-ci, les œuvres qui honorent, aux extrémités de l'Asie, le nom déjà illustré d'un Boissonnade, détacheraient-elles nos yeux des couronnes de laurier que déposaient, il y a quelques semaines, à Alexandrie, les députations médicales de l'Europe, tout émues, sur le cercueil d'un Thuillier !

Servie par tous ces puissants auxiliaires, la science du Droit international privé se sent vivre ; elle a ses outils en main ; elle marche et poursuit sa route avec une inébranlable confiance dans ses pacifiques destinées.

Caen, Typ. F. Le Blanc-Hardel.